动物妙想国

北极熊去南极会怎样?

海豚科学馆 / 著   张梦婷 / 绘

新星出版社 NEW STAR PRESS

北极熊是世界上**最大**的陆地食肉动物，

别看他们**憨态可掬**，
可实际上，北极熊的体形巨大，性情
也十分凶猛。

图书在版编目（CIP）数据

北极熊去南极会怎样？/ 海豚科学馆 著；张梦婷 绘
. -- 北京：新星出版社，2022.5（2022.8重印）
（动物妙想国）
ISBN 978-7-5133-4879-9

Ⅰ.①北… Ⅱ.①海… ②张… Ⅲ.①熊科 - 儿童读
物 Ⅳ.①Q959.838-49

中国版本图书馆CIP数据核字(2022)第050525号

动物妙想国
北极熊去南极会怎样？

海豚科学馆 著   张梦婷 绘

责任编辑：李文彧
选题策划：王浩淼
美术编辑：魏嘉奇
装帧设计：叶乾乾
责任印制：李珊珊

出版发行：新星出版社
出版人：马汝军
社   址：北京市西城区车公庄大街丙3号楼 100044
网   址：www.newstarpress.com
电   话：010-88310888
传   真：010-65270449
法律顾问：北京市岳成律师事务所

印   刷：当纳利（广东）印务有限公司
开   本：787mm×1092mm 1/12
印   张：2
字   数：3千字
版   次：2022年5月第一版 2022年8月第三次印刷
书   号：ISBN 978-7-5133-4879-9
定   价：22.00元

策   划 / 海豚传媒股份有限公司
网   址 / www.dolphinmedia.cn
邮   箱 / dolphinmedia@vip.163.com
阅读咨询热线 / 027-87391723   销售热线 / 027-87396822
海豚传媒常年法律顾问 / 上海市锦天城（武汉）律师事务所
张超 林思贵 18607186981

图片来源：视觉中国、图虫创意

他们生活在寒冷的**北极地区**。

想象一下，如果一只北极熊和我们生活在一起，他会做哪些有趣的事呢？

如果北极熊想玩跷跷板，会发生什么事呢？

恐怕他需要喊一群小朋友……

北极熊如果坐上跷跷板，他对面需要坐**20个小朋友**才能保持平衡！

一只成年公熊的体重可达

500千克！

成年母熊的体重只有公熊的一半，不过，怀孕后的母熊，体重会增加200多千克。

如果对面空无一人，他自己一坐上去，马上就会摔个屁股蹾儿。

咣！

如果北极熊在超市冷柜区工作，会怎样？

他可能年年被评选为**优秀员工**。他有着强壮的身体、厚实的皮毛，他皮下厚厚的脂肪层可以让他在冷柜区从容不迫地干活儿。

温度较低，注意保暖

冷冻室的温度在$-18℃$左右，人们在里面工作要穿上厚厚的棉袄，不然会冻得直打哆嗦。

作为生活在寒冷北极的耐寒动物，北极熊可不怕冷，他生活的极地比这儿更冷。

如果北极熊去参加滑冰比赛，会发生什么？

他会牢牢锁住观众的目光，成为全场的焦点！

他的脚掌下面长有**浓密的长毛，**这些毛具有防滑功能。每只脚掌上都有锋利的爪子，上面布满了颗粒状的小肉垫。

肉垫让北极熊能紧紧贴住冰面，**不打滑！**

如果他高兴，可以一直在冰上奔跑，不用担心摔跤。

如果北极熊去吃自助餐，会发生什么？

那他一定会把店老板**吃哭**！

海鲜区、烤肉区、甜品区……

统统不会放过！

北极熊是名副其实的**大胃王，** 他的食量超级惊人！
他一顿饭能吃掉自己体重十分之一的肉，相当于人类一次性吃
15斤的肉。

北极熊是杂食动物，他的
食物来源很广，海豹、海象、
鸟类、鱼类统统都吃，一点儿也
不挑食！

夏季，他还喜欢吃海草和浆果，
全面补充营养！

如果北极熊参加武林大会，会发生什么？

他会是当之无愧的
武林高手！

北极熊的熊掌可达**25厘米宽**，
超过10厘米长，是成年男子手掌的两倍大！

他可以把结实的密封罐撕开一个大洞，就像我们剥香蕉一样轻松。他的前掌随便一拍，对手的武器就被劈成两半……

武

在北极，北极熊处于食物链的顶端，根本**没有天敌。**

北极熊去南极会怎样？

他不仅能生存，简直像是来到了天堂。

这里的温度和环境都很宜居，北极熊很喜欢他的新家。

南极冰天雪地，和北极一样寒冷。

这里生活着一群可爱的动物，企鹅、海豹、信天翁……

他们很快成了北极熊的**新朋友**。

北极熊身上长了很多毛毛，遮盖了皮肤的颜色，所以他又叫白熊。

但是，他的毛并不是白色的，而是**无色透明**的中空小管子，经过阳光反射后，透明的毛发看起来就像是**白色的。**

在北极，这种毛用处可大了，不仅能防水隔热，还能"隐身"呢！

如果北极熊去你家做客会表现如何?

也乐意和朋友**分享**。

北极熊很**懂礼貌**,

吃饭前,他会用鼻子轻碰你,如果你开心地回应了他,他就会和你一起分享美食。

不过，北极熊是个**有洁癖**的家伙！

吃完大餐后，他会把自己收拾得**干干净净**。

在北极，他会将身体贴在雪地上，
通过匍匐前进的方式来清理污渍。

如果北极熊表演花样游泳，
会怎样？

他会吸引所有人的目光，他在水中

姿态优美，
　　游刃有余，
花样百出。

他有完美的蹼状脚掌，
　　　划起水来像船桨一样。

仰泳、

游泳是北极熊的**必备技能**，他一生都在和水打交道。北极熊宝宝很小就要去体验北冰洋冰冷的海水了。

自由泳、水中芭蕾、倒立……统统不在话下。

更多关于
北极熊的信息

北极熊是一种寒带的动物，他们聪明又有毅力。关于北极熊的小知识，你了解多少？

知识档案

北极熊的视觉和听觉与人类相当，但他们的嗅觉极为灵敏，是犬类的7倍，他们可以闻到冰面下几米厚的地方的动物。

北极熊的奔跑速度是世界百米冠军的1.5倍。想象一下，一只超过2.8米高、体重500千克的白色胖版"飞人博尔特"，北极熊的速度比博尔特还要快！

北极熊生命中大部分时间都在休息或者守候猎物，剩下的时间则在陆地、冰层上行走，或享受美味。

由于全球气候变暖，北极的海冰范围在不断缩减，北极熊的栖息地也在不断缩小。为了保护北极熊的家园，大家要尽量低碳生活哟！

来自冰雪世界的问候!

明 信 片

我已经回到了北极,正趴在浮冰上给你写明信片。这里是一片白茫茫的冰雪世界,是我热爱的家。一大早我就吃了些磷虾当点心,待会儿我准备游泳晨练一会儿,再美美地打个盹儿! 我和宝宝很高兴你能邀请我们母子俩去你的家中聚会。下次再见啦!

中国

XX省　XX市XX路XXX

XXX小朋友　　收

邮政编码: XXXXXX

爱你哟!

北极熊和北极熊宝宝